交通 JiaoTong
安全常识
AnQuan ChangShi

中国职业安全健康协会　组织编写

煤炭工业出版社

·北　京·

图书在版编目（CIP）数据

交通安全常识/中国职业安全健康协会组织编写.
－－北京：煤炭工业出版社，2018（2019.6重印）
ISBN 978－7－5020－6607－9

Ⅰ.①交… Ⅱ.①中… Ⅲ.①交通安全教育 Ⅳ.
①X951

中国版本图书馆 CIP 数据核字(2018)第 082925 号

交通安全常识

组织编写	中国职业安全健康协会
责任编辑	曲光宇
责任校对	孔青青
封面设计	罗针盘

出版发行	煤炭工业出版社（北京市朝阳区芍药居 35 号　100029）
电　　话	010－84657898（总编室）
	010－64018321（发行部）　010－84657880（读者服务部）
电子信箱	cciph612@126.com
网　　址	www.cciph.com.cn
印　　刷	中国电影出版社印刷厂
经　　销	全国新华书店

开　　本	880mm×1230mm$^1/_{32}$　**印张** 2$^1/_2$　**字数** 36 千字
版　　次	2018 年 5 月第 1 版　2019 年 6 月第 2 次印刷
社内编号	20180228　**定价** 20.00 元

编写人员名单

陈文涛　尹忠昌　葛世友　唐小磊

高　旭　田　园　袁晓雨　赵　冰

目录
Contents

行人交通安全篇

非机动车辆驾驶安全篇

机动车辆驾驶安全篇

行人交通安全篇

步行安全
Buxing Anquan

1. 道路行走安全
2. 过铁路道口安全

1.道路行走安全

行人是道路交通中的弱者，只有严格遵守交通法规规定，增强自我保护意识，才能保证自身安全。

◆ 行人在道路上行走必须走人行道。没有人行道的，必须靠路边行走，即在从道路边缘线算起1米内行走。不要穿越、倚坐人行道、车行道和铁路道口的护栏。遇到红灯或禁止通行的交通标志时，不要强行通过，应等绿灯放行后通行。

◆ 学龄前儿童在道路上行走时必须有成年人带领，残疾人或精神病患者应当由监护人陪同照料。列队行走时，每横列不得超过两人。成年人的队列可以紧靠车行道右边行进。儿童的队列须在人行道上行走。

◆ 行人在任何情况下，均不得进入高速公路行走。

◆ 行人横过城市街道或公路时，属于借道通行，应当让在本道内行驶的车辆或行人优先通过。为确保自身安全和取得横过道路的优先权，行人横

过城市道路时应注意:

◎ 应当选择离自己最近的人行过街天桥或地下通道通过，或者选择离自己最近的人行横道通过。

◎ 通过人行横道时，有信号灯控制的应当遵守信号灯的规定，绿灯亮时要迅速通过；没有信号灯控制的，应看清来往车辆，直行通过，千万不要与车辆抢道，或相互追逐、猛跑。

◎ 在没有人行横道的地方横过道路，应该先向左看后向右看，确认安全后直行通过；横过多条车行道，或者车行道的车流量比较大时，可以采取"左右左"看、一条一条车道通过。

　　◎ 横过道路时，不要突然改变行走路线，突然猛跑、后退，更不能在车辆临近时突然横穿。

2. 过铁路道口安全

行人通过铁路道口时，应注意：

◆ 在遇有道口栏杆（栏门）关闭、音响器发出报警、红灯亮时，或看守人员示意停止行进时，应站在停止线以外，或在最外股铁轨5米以外等候放行。

◆　在遇道口信号两个红灯交替闪烁或红灯亮时，不能通过；绿灯亮时，才能通过。

　　◆　通过无人看守的道口时，应先站在道口外，左右看看两边均没有火车驶来时，才能通过。

乘扶梯、电梯安全

Chengfuti、Dianti Anquan

1. 乘扶梯安全
2. 乘直梯安全

*1.*乘扶梯安全

◆ 搭乘扶梯前应系紧鞋带，留心松散、拖曳的服饰，以防被梯级边缘、梳齿板、围裙板或内盖板挂拽。

◆ 禁止将拐仗、雨伞尖端或高跟鞋尖跟等尖利硬物插入梯级边缘的缝隙中，或梯级踏板的凹槽中，以免造成人身意外事故。

◆ 使用轮椅，携带婴儿车、手推车、行李或大件物品时，切勿使用扶梯。

◆ 儿童应由有行为能力的成年人一手拉紧或搀扶搭乘，婴幼儿应由上述成年人抱住搭乘。禁止儿童攀爬于扶手带或内盖板上搭乘，禁止儿童在扶手带出入口附近玩耍、嬉戏，以防发生人员擦伤、夹伤或坠落事故。

◆ 搭乘时应面向梯级运动方向靠扶梯右边站立，双脚站在黄线内，一手扶握扶手带，以防因紧

急停梯或被人推挤等意外情况造成身体摔倒。切勿靠在扶梯两边或倚在扶手上，切勿让手指、衣物接触两侧扶手带以下的部件。

◆ 在扶梯梯级出口处，应顺梯级运动之势抬脚迅速迈出，跨过梳齿板落脚于前沿板上，以防绊倒或鞋子被夹住。

◆ 身体的各部位均不要伸出扶梯外面，以防受到相邻障碍物撞击，并造成人身伤害事故。

◆ 禁止沿梯级运行的反方向行走与跑动，以免影响他人使用或跌倒。禁止在运动的梯级上蹦跳、嬉戏、奔跑。

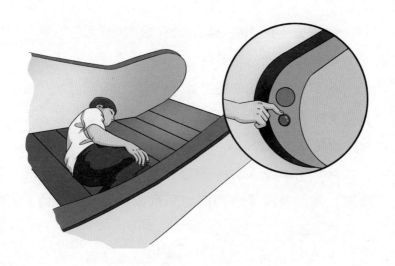

2. 乘直梯安全

◆ 依据所要到达的楼层按键,提高电梯运行效率。

◆ 乘坐电梯勿超载乘坐。

◆ 乘坐电梯切勿将身体靠在层门上。

◆ 不要在电梯轿厢内吸烟、打闹、拥挤、冲撞,以免发生意外。

◆ 严禁运装易燃、易爆的危险物品。若遇特殊情况,需经有关管理部门的同意,并采取必要的安全保护措施后方可运装。

◆ 电梯正常运行时,不要按应急按钮,以免带来不必要的麻烦。

◆ 如发现电梯开门运行、电梯轿箱地板与楼层不平齐的情况,则说明电梯出现故障,应停止乘坐,待有关部门处理。

◆ 如乘坐电梯过程中遇电梯故障、停止运行时,应采取如下措施:

◎ 保持镇定,稳定情绪,不要自行向电梯外翻爬。

◎ 找到电梯内的紧急报警装置,通过报警装置向外界求救。

　　◎ 查看电梯内部提供的求救电话，拨打该求救
电话向外界求救。

　　◎ 向外发出求救信息后，在专业人员的指导下
采取相关措施，不可擅自采取撬门、扒门等错误的
自救行动而应该在电梯内静待专业人员开门救援。

　　◆ 发生火灾时，禁止使用电梯逃生，应选择楼
梯安全出口逃生。

乘坐交通工具安全

Chengzuo Jiaotong Gongju Anquan

1. 乘公交安全
2. 乘地铁安全
3. 乘火车安全
4. 乘轮船安全
5. 乘飞机安全

1. 乘公交安全

◆ 乘坐公共汽(电)车，要排队候车，按先后顺序上车，不要拥挤。上下车均应等车停稳以后，先下后上，不要争抢。

◆ 禁止将汽油、爆竹等易燃易爆的危险品带入车内。

◆ 乘车时不要把头、手、胳膊伸出车窗外，以免被对面来车或路边树木等刮伤；也不要向车窗外乱扔杂物，以免伤及他人。

◆ 乘车时要坐稳扶好。没有座位时，要双脚自然分开，侧向站立，手应握紧扶手，以免车辆紧急刹车时摔倒受伤。

2. 乘地铁安全

◆ 等候地铁时，一定要站到黄色安全线后面，不要着急，不要倚靠屏蔽门。地铁进站时，不要伸头去眺望。

◆ 如果有物品落入轨道，不要跳下站台去捡。要及时告知工作人员，让相关人员帮助捡东西。

◆ 自觉遵守秩序，出入站时不要拥挤，要先下后上，不要在站内拥挤。

◆ 上下车时小心地铁列车与站台之间的空隙，照顾好同行的小孩和老人。

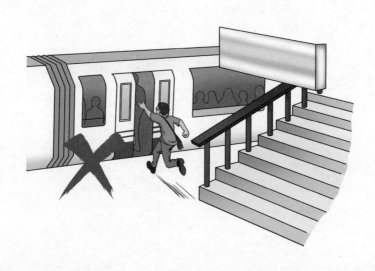

◆ 当车门即将关闭、蜂鸣器响起时，不要用身体挡住车门，强行登车。

◆ 上车后，要坐好坐稳。不要东张西望，看好自己的随身物品。如果是站立，要握紧吊环或立柱，防止因突然停车而摔倒。身体不要倚靠车门。

◆ 列车紧急停车或发生意外时，不要惊慌，要听从工作人员的指挥，有秩序地离开。不要扒门，不要擅自离开。乘坐地铁时，如果不幸发生意外，不要惊慌，要根据不同的情况采取应对措施。

3. 乘火车安全

◆ 在上车之前，要特别注意检查自己的行李，不能把易燃易爆等危险品携带上车。

◆ 听从站务人员的安排，在站台一侧的白色安全线内候车。来车后须停稳再上，先下后上。上下列车时注意列车与站台之间的空隙及高度落差，以免发生意外。

◆ 严禁攀爬车窗上车，严禁在站台上打闹和跨越铁轨线路。

◆ 进入车厢后，将自己的行李物品放好，尽快找到自己的位置坐下，不要在车厢里来回穿行，也不要在车厢连接处逗留，以免在上下车拥挤或紧急刹车时被夹伤、挤伤。

◆ 乘车时，不要将头、手伸出窗外，以免被车窗卡住或划伤；不能将废弃物扔出窗外，以免砸伤他人。

◆ 倒热水时不要过满，以免列车晃动致使热水溅出后烫伤人。

◆ 不能乱动车厢内的紧急制动阀和各种仪表，

以免导致事故发生。

◆ 火车有时会紧急刹车，当有所察觉时，应充分利用有限时间，使自己身体处于较为安全的姿势，或抓住牢固的物体以防碰撞。

◆ 造成乘客重大财产损失或人员伤亡的主要原因有火车相撞、出轨、翻车和火车行驶中的火灾等。因此，乘坐火车时，只要感到有一点异常，就要迅速做好防御准备。

4.乘轮船安全

◆ 不要搭乘船吃水线明显低于水位或乘客拥挤的超载船只，不要坐缺乏救护设施、无证经营的小船。

◆ 凭票乘船，禁止携带易燃易爆等危险物品上船。

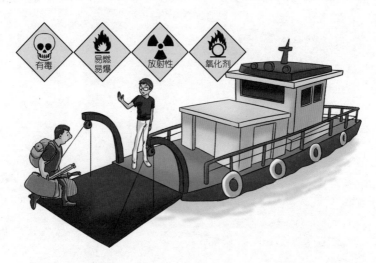

◆ 上下船时，一定要等船靠稳，待工作人员安置好上下船的跳板后再行动。

◆ 上船后要听从管理人员的安排，并根据指示牌寻找自己的座位。不拥挤，不随意攀爬船杆，不跨越船档，以免发生意外落水事故。

◆ 客船航行时，不要在船上嬉闹；摄影时，不要紧靠船边，也不要站在甲板边缘向下看波浪，以防晕眩或失足落水。观景时切莫一窝蜂地拥向船的一侧，以防引起船体倾斜，发生意外。

◆ 客舱内严禁卧床吸烟，严禁违章用火，勿过量饮酒。如发现有影响旅客和船舶安全的情况，应及时向船舶负责人报告。

◆ 船行途中一旦发生意外事故，旅客应按工作人员的指示穿好船上配备的救生衣，不要慌张，更不要乱跑，以免影响客船的稳定性和抗风浪能力。

5.乘飞机安全

◆ 旅客在登机以前必须办理登机手续，同时接受安全检查，以确保所携带的物品符合安全规定，减少事故隐患。

◆ 在飞机上不要随便走动，更不要接近驾驶舱。要仔细听取乘务员讲解飞机安全须知和飞行安全示范，熟悉紧急出口位置及各种安全设施的性能及使用方法。

◆ 要在飞机起飞前和着陆前根据提示系好安全带，飞行途中应按要求系好安全带。

◆ 由于飞机在起飞和着陆时处于颠簸的气流中，因此少数人可能会感到不适，有些人也会出现像晕车一样的晕机现象。有这种情况的旅客只要在登机前服用防晕药，同时注意减少活动即可。此外，由于飞机高度的变化所引起的气压的变化可能会导致耳中不适，此时只要做吞咽动作，使耳腔内的气压平衡就可以解除。

◆ 在飞机飞行过程中，应关闭手机、对讲机、遥控玩具等主动发射电子信号的便携式电子设备的电源。

◆ 出现紧急情况或事故征兆时，乘客应保持镇定，不要慌乱，听从机组人员指挥。

四

电动平衡车操作安全

Diandong Pinghengche Caozuo Anquan

◆ 电动平衡车不属于交通工具，目前还不能上路行驶，只能在法规允许的地方行驶。

◆ 尊重行人的用路权，避免惊吓行人，尤其是儿童。从行人后方经过时，须提醒行人，并在通过时减速，尽可能从左侧通过。与行人面对面时，保持在右方并降低速度。

◆ 驾驶前做好有效安全措施，必须佩戴安全帽及膝部、肘部和腕部护具。穿戴合适的服装，不要佩戴尖锐的饰品，勿穿高跟鞋，这样有助于处理紧急的情况。

◆ 检查充电情况，若电量较少，不要长途行驶。

◆ 检查平衡车基本情况，确保所有外露部件无松动、掉落或破损，驾驶时无异响或持续报警。

◆ 驾驶前确保驾驶人员状态良好、清醒，6小时内未饮酒、服用镇静类或其他精神类药物。

◆ 驾驶平衡车时，高度会比步行时高出，因而在通过门框或靠近门口、树枝、各种标志、标牌或其他较低的上方障碍物时，请保持警觉，避免碰撞头部。

◆ 禁止驾驶平衡车上下台阶，禁止在任何情况下让平衡车腾空(如高速过坎)，禁止单侧轮跨立在路肩或台阶上行驶。

◆ 避免在不安全的环境里驾驶平衡车，如易燃
气体、蒸汽、液体、灰尘或纤维等原因能造成火灾
或爆炸等危险事件的场所。

◆ 避免高速倒退。避免在驾驶时进行接打电话
等导致分心的行为。

非机动车辆驾驶安全篇

一、驾驶电动自行车安全

二、骑自行车安全

驾驶电动自行车安全

Jiashi Diandong Zixingche Anquan

◆ 电动自行车属于非机动车，按照非机动车进行管理，应当在非机动车道内行驶。在没有非机动车道的道路上，应当靠车行道的右侧行驶通行。

◆ 转弯的电动自行车让直行的车辆、行人优先通行；遇有前方路口交通阻塞时，不得进入路口；向左转弯时，靠路口中心点的右侧转弯；遇有停止信号时，应当依次停在路口停止线以外。没有停止线的，停在路口以外；向右转弯遇有同方向前车正在等候放行信号时，在本车道内能够转弯的，可以通行；不能转弯的，依次等候。

◆ 电动自行车在路段上横过机动车道，应当下车推行，有人行横道或者行人过街设施的，应当从人行横道或者行人过街设施通过；没有人行横道、行人过街设施或者不便使用行人过街设施的，在确认安全后直行通过。

◆ 电动自行车载物，高度从地面起不得超过1.5米，宽度左右各不得超出车把0.15米，长度前端不得超出车轮，后端不得超出车身0.3米。

◆ 电动自行车可以搭载一人。在城市道路上驾驶时只可搭载一名12周岁以下儿童，搭载6周岁以下儿童应当使用固定座椅。达到驾驶自行车、电动自行车法定年龄的未成年人，在驾驶时不得载人。

◆ 驾驶电动自行车必须年满16周岁。醉酒的人不得驾驶电动自行车。

◆ 电动自行车不能牵引其他车辆或被其他车辆牵引，也不得攀扶其他车辆。

◆ 驾驶电动自行车不得双手离把或者手中持物，不得扶身并行、互相追逐或者曲折竞驶，同时，还应当与前方或者相邻行驶的车辆保持安全距离。

二

骑自行车安全

Qi Zixingche Anquan

◆ 必须年满12周岁，并遵守交通法律法规的规定。

◆ 骑自行车要先检查一下车辆的铃、闸（刹车）、锁是否安全有效，轮胎充气是否充足，保证没有问题后方可上路。

◆ 饮酒后尽量不要骑车上路，必要时可徒步推行，切勿醉酒骑行。

◆ 应在非机动车道内行驶。在未设非机动车道的道路上，应靠道路右侧行驶，即在道路右侧边缘线算起1.5米内行驶。在道路上骑车时，不可随意进入机动车道，切勿与机动车争道抢行。当行进方向有障碍需暂借机动车道时，要注意观察身后的机动车，确认安全后方可借道通行。

◆ 通过交叉路口时，应遵守交通信号、交通标志标线的规定，遇有停止信号必须停在停止线或路口以外；没有交通信号的，在路口处慢行或者停车张望，让右方道路的来车先行，同时应遵守转弯的车让直行的车辆、行人优先通行、相对方向行驶的右转弯的非机动车让左转弯的车辆先行等规定。

◆ 骑车转弯、调头、横过公路时，要减速或停车观察瞭望，判断过往车辆的车速、距离，伸手示意，并注意避让车辆，必要时推车前行。切勿突然猛拐、横穿。

◆ 通过铁路道口时，应遵守道口信号灯规定；通过无人看守的道口，应停车瞭望，确认安全后才可通过。

◆ 遇雨雪天时，不要打伞骑车，不要让穿戴的雨衣挡住视线，拐弯时应拐大弯，不要猛拐把、猛捏闸。

◆ 夜间视线不良时骑车要注意路面井盖和道路障碍，防止跌入或摔倒。遇有对面来车灯光眩目时，应减速并尽量保持原行驶路线，必要时下车推至路边，待来车通过后再行驶，千万不能盲目继续行驶或侥幸行驶。

◆ 注意车辆突然驶入前面停靠、开门或右转弯，挡住路线，以防躲避不及而造成事故。

◆ 骑车时不可高速骑行、相互攀扶并行、相互追逐打闹、双手离把骑行或手中持物，不要在车辆和行人中蛇形穿插、曲折竞驶。

机动车辆驾驶安全篇

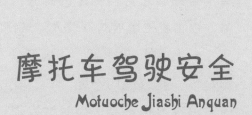

摩托车驾驶安全

Motuoche Jiashi Anquan

◆ 驾驶摩托车须依法取得驾驶证，应当随身携带机动车驾驶证；机动车驾驶人应当遵守道路交通安全法律法规的规定，按照操作规范安全驾驶、文明驾驶。

◆ 摩托车上道路行驶须依法取得机动车号牌。

◆ 驾驶摩托车时最好穿颜色鲜艳的服装，晚间驾车宜穿反光材料制作的衣服；佩戴合格的安全头盔，以防发生事故对驾驶人造成伤害。

◆ 控制行车速度，不要开快车。摩托车制动的稳定性、有效性均不如汽车，开快车既不易于发现前方路况，也不易于被对方发现，甚至还容易使驾驶人疲劳。

◆ 不要强行超车，超车前应观察四方车辆动态，打开转向灯。超车后须在不妨碍其他车辆正常行驶的情况下打开转向灯，靠右行驶，否则易发生交通事故。

◆ 变换车道或起步时，要利用后视镜随时观察后方情况，确认安全后再起步或变换车道。无特殊情况应避免突然停车或减速，转弯时要先减速再转弯，严防在转弯过程中减速，不要从正在行驶的两排车辆中间穿越或曲线绕行。

◆ 不要酒后驾车，驾驶人身体状况不良时也不宜驾驶，否则会因神志不清而反应迟钝，判断不准确，引起操作失误而出现事故。

　　◆ 避免在驾驶摩托车的过程中打手机（包括免提手机）。

汽车驾驶安全

Qiche Jiashi Anquan

1. 机动车驾驶人安全驾驶行为的要求

◆ 严格遵守道路交通安全法律法规，服从交通警察的指挥，讲究交通公德和职业道德，文明驾驶，礼貌行车。

◆ 驾驶车辆时，要随身携带驾驶证和行车执照，以及其他的相关证件；不准驾驶与准驾车种不符的车辆，严禁将车辆交给非驾驶人驾驶。

◆ 坚持对车辆进行经常性检查，安全设备应齐全有效，保持车容整洁；不准驾驶机件失灵以及违章乘载的车辆。

◆ 严禁在车门、车厢没有关好时行车。

◆ 驾驶车辆时要精力集中，谨慎驾驶，不得超速行驶，不得强行超车，不准闯禁行线。

◆ 严禁酒后驾车。

◆ 驾驶车辆时，严禁拨打、接听手持电话，严禁观看影视录像等妨碍安全驾驶的行为。

◆ 途经路口、人行横道、学校、公交车站或人多的繁华地段，要减速慢行，注意避让行人、非机动车，保证行车安全。

◆ 严禁下陡坡时熄火或者空挡滑行。

◆ 安全礼让礼宾车队，严禁穿插。

◆ 严禁在禁止鸣喇叭的区域或者路段鸣喇叭。

◆ 严禁向道路上抛撒物品，严禁在机动车驾驶室的前后窗范围内悬挂、放置妨碍驾驶人视线的物品。

◆ 机动车驾驶人应当注意休息，严禁疲劳驾驶。连续驾驶机动车超过4小时应停车休息，每次停车休息时间不少于20分钟。

◆ 车辆停放要遵守车辆停放规定，严禁乱停乱放；停放车辆时要关闭电源，拉紧驻车制动拉杆，锁好车门。

◆ 行车中一旦发生事故，要积极抢救伤者，保护现场，及时报警。

2. 城市道路驾驶安全

◆ 谨慎驾驶，严密注意观察行人和车辆动态，对交通情况的变化及时作出正确的判断。

◆ 注意观察交通指挥信号和交通标志，严格按交通指挥信号和交通标志行驶，服从交通警察指挥。

◆ 在超越停靠进站的公共汽车、电车时，更要注意从公共汽车、电车的前面或后面视线盲区内突然跑出行人。

◆ 串车行驶时，车间距离应根据交通情况适当灵活掌握，随时观察前车发出的停车或转弯信号。

◆ 需要倒车或掉头时应特别小心，必要时要有人指挥。在繁华街道或狭窄街道上或无掉头标志的地方禁止掉头。

◆ 在交通高峰期和交通拥挤时，要耐心，不要急躁。

◆ 行驶中，如遇道路生疏下车问路时，应将车辆停靠在道路右侧（在允许停车的路段），下车开左侧车门时，不得影响后方行驶的车辆。

3. 高速公路驾驶安全

◆ 系上安全带。如果驾驶员在没有系安全带的情况下汽车发生了碰撞，驾驶员不仅身体会随惯性向前冲，还可能被弹出的气囊撞伤，未系安全带还有可能发生车内人员被抛出车外的惨剧，所以上路前一定要记得系上安全带。

◆ 不能分心。行驶中要保持全神贯注，双眼平视前方，用眼角余光观察两边。如果感觉有困意，一定要及时采取措施。

◆ 留心看标识。注意看车上的仪表，留心路边及中央隔离带的标志指示牌。

◆ 匀速驾驶。高速上过快或者过慢都是导致事故发生的主要原因，在进入高速以后一定要保持匀速行驶，不要超速，更不要一会儿快一会儿慢。

◆ 不要来回变道。在行驶中切忌穿插行驶，不要一会儿在超车道，一会儿在行车道，更不要在行驶道上无预示地紧急减速和停车。不要长时间在超车道上行驶，更不能试图从紧急停车道上去超越车辆。

◆ 超车要果断。如果确定要超车，在确定超车道无妨碍超车的障碍物时超车，一定要立即、果断，切记犹犹豫豫。

少超车

◆ 停车时要警示。遇到必须停车的情况，应当提前开启右转向灯驶离行车道，停在紧急停车带内或右侧路肩上，禁止在行车道上停车，同时应打开"双闪"，并在车尾150米处放好警示标志。车上的人应尽快转移到高速路护栏右边以外。

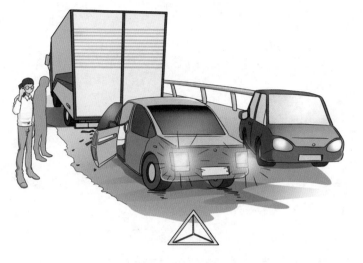

◆ 一定不能倒车。万一开过头，千万不能倒车，只倒车超过一米也不行。应该在下一个出口下去，到收费站问清楚后再重新上路。

◆ 尽量不要夜间行车。尽可能不要选择晚上出行。如果一定要夜间行车的话，则上路前一定要检查自己的前后灯是否正确，同时不要疲劳驾驶。

4. 山区道路驾驶安全

◆ 出行前要了解行驶路线的交通特点及天气情况，并对所驾车辆进行一次认真检查保养。尤其是刹车、转向、灯光、轮(备)胎、机油、水箱等关键部件，一定要检查到位，确保灵敏有效。

◆ 行至山区拐弯路段或视野不好的盲区，一定要靠右侧行驶，并提前鸣笛，不要超速、超车或逆行。

◆ 驾驶手排挡车辆，要根据车速和上坡道路坡度情况及时换挡，保持发动机合理转速和最佳动力输出；下山路时要控制车速，切记不要空挡滑行。

◆ 前方出现堵车排队时，要顺序停车等候，不要盲目抢行，以免车辆堵死无法疏通。行至山体旁易发生落石的地段时，要注意观察和尽快通过。

◆ 到达旅游景区后，要将车辆停到停车场或指定地点顺序停放，熄火后拉紧手刹挂上挡。

◆ 最好选择正式开放的景区景点出游，不要好奇而去野景野游。这些地方的道路交通、旅游设施等方面都还暂不具备安全条件和保障，发生危险的可能性较大。

5. 特殊条件行车安全知识

夜间驾驶安全

◆ 夜间行车中如遇对向车，不要一会儿踩制动踏板，一会儿向右打轮，要切实注意右侧行人和自行车。

◆ 与对向车相距150米时，应将远光灯变为近光灯，若遇对方不改用近光，应立即减速并连续使用变换远、近光的办法来示意对方；如仍不改变，则应减速靠右停车避让，切勿斗气以强光对射，以免损害双方视觉而酿成车祸。

◆ 夜间行车要注意从左侧横过马路的行人。在城市道路的交通繁忙地段，有时对向车道上排满了等红灯的车，在这种情况下，常常有行人从车队的间隙中跑出来，从左向右横过马路。

◆ 严格控制车速。由于夜间道路上的交通量小，行人和自行车的干扰也比较少，加上驾驶员的心理状态（如急于快赶等），一般比较容易高速行车，因而很可能发生交通事故。驾驶员应该充分认识到在夜间高速行车的危险性。

◆ 增加跟车距离。驾驶员夜间行车时，一是视线不良；二是常遇危险、紧急情况。为此，驾驶员必须准备随时停车。在这种情况下，为避免危险，要注意适当增加跟车距离，以防止前后车相碰撞事故。

◆ 尽量避免夜间超车。必须超车时，应事先连续变换远、近灯光告知前车，在确实判定前车让路允许超越后，再进行超车。

◆ 注意克服驾驶疲劳。夜间行车特别是午夜以后行车最容易疲劳瞌睡。另外，夜间行车由于不能见到道路两旁的景观，对驾驶员兴奋性刺激物小，因此最易产生驾驶疲劳，如稍有感觉就应振作精神或停车休息片刻。

雾天驾驶安全

◆ 车在雾中行驶，一定要遵守灯光使用规定，打开雾灯、近光灯、尾灯，千万别开远光灯，以免光线被大雾折射后射入眼中，使视线变得模糊。

◆ 由于驾驶室内外温差较大，挡风玻璃会结霜影响视线，切忌边行驶边擦玻璃。可用空调外循环除霜或停车擦拭，也可将车窗打开一条缝，使车内空气流通。

◆ 应限速行驶，留意路边雾天的限速标志，并适当加大行车间距。

◆ 勤按喇叭，警告行人和车辆，听到其他车辆的喇叭声，应当立刻鸣笛回应，示意自己车辆的位置。

◆ 千万不要沿着路边行驶，以防不小心落入路侧的排水沟，或与路边临时的停车车辆发生相撞。

◆ 一定要注意安全停车，停车后司乘人员要从右侧下车，离公路尽量远一些，千万不要坐在车上。

◆ 如果车停在高速公路的紧急停车港湾，人最好能翻过护栏，到路基外面等候，避免被大车碰到。

雨天驾驶安全

◆ 雨天开车上路除了谨慎驾驶以外，还要及时打开雨刷器，天气昏暗时还应开启近光灯和防雾灯。如果前挡风玻璃有霜气，则需开冷气，并将冷气吹向前挡风玻璃；如果后挡风玻璃有霜气，则要打开后挡风玻璃加热器。

◆ 司机要双手平衡握住方向盘，保持直线和低速行驶，需要转弯时，应当缓踩刹车，以防轮胎抱死而造成车辆侧滑。

◆ 雨中开车尽量使用二挡或三挡，时速不超过30千米或40千米，随时注意观察前后车辆与自己车的距离，提前做好采取各种应急措施的心理准备。

◆ 防止涉水陷车。当车经过有积水处或者立交桥下、深槽隧道等有大水漫溢的路面时，首先应停车查看积水的深度，水深超过排气管，容易造成车辆熄火；水深超过保险杠，容易进水。不要高速过水沟、水坑。这样会产生飞溅，导致实际涉水深度加大，容易造成发动机进水。

◆ 切忌熄火后再次启动车辆。发动机一旦进水熄火，千万不要再启动车辆，应该将车放在原地等待拖走。车子在运转中最害怕的就是将水吸入燃烧室，因为一旦水进入燃烧室，因水的不可压缩性，会造成发动机在工作中产生顶气门或顶活塞连杆的致命危害，发动机大修再所难免。

◆ 注意跟车。大车不要跟得太近，一是会阻挡视线；二是大车能过去的积水小车未必能过去，况且大车容易溅起水浪，使小车受害。

◆ 注意观察行人。由于雨中的行人撑伞，骑车

人穿雨披，他们的视线、听觉、反应等受到限制，有时还为了赶路横穿猛拐，往往在车辆临近时惊慌失措而滑倒，使司机措手不及。遇到这种情况时，司机应减速慢行，耐心避让，必要时可选择安全地点停车，切不可急躁地与行人和自行车抢行。

◆ 及时开启车灯。遇有暴雨视线极低时，应当开启前照灯、示廓灯和后位灯，并把车辆驶离路面或停在安全的地方。

◆ 暴雨会致使有人打不开车门而造成溺亡。其实被困在车里逃生时，只需把座位头枕拔下来，用那两个尖锐的插头敲打侧面玻璃即可，力气小的可以将尖锐的插头插入侧面玻璃与门板之间，再向外用力即可将玻璃别碎，这是当初汽车设计时就考虑到的。

雪天驾驶安全

◆ 冬季雪地路面附着系数非常低，车轮容易打滑，行车的危险性更大，行进中车速要平稳，要防止车速过快，避免猛加速。需要加速或减速时，油门应缓缓踏下或松开，以防驱动轮因突然加速或减速而打滑。

◆ 在冰雪路上行驶，容易发生追尾事故，所以要增大行车间距，行车间距要比无雪干燥路面时增大4~5倍。用脚制动时应以点刹方式，即轻踩轻抬，不要一脚踩死。没有ABS的车尤其要注意防止侧滑。

◆ 车辆打滑时千万不要慌张，方向盘要顺着打滑方向轻轻地转，待车辆回正后，再轻轻地踩刹车，直到整个情况完全控制住。

◆ 在积雪较深的路面上行驶，要跟着前车的车辙行驶，因为前车已把松软的雪压实，可防止陷入深雪之中。

◆ 尽量避免在冰雪路上超车，实在需要超车时，一定要选择宽敞、平坦、冰雪较少的路段，不得强行超车，而且超过前车后千万不要马上向回变线，而要尽量给被超车留出安全距离。

◆ 雪后路滑，起步时若发现轮胎已被冻结于地面，应先用十字镐挖开轮胎周围的冰雪、泥土，以防损坏轮胎和传动机件。若驱动轮打滑，应铲除车轮下的冰雪，并在驱动轮下撒些干沙、煤渣、柴草等物，以提高附着性。

◆ 驾车拐弯要特别注意避开弯道内的积雪、结冰。冰雪路无法避开时，一定要提早减挡减速、缓慢通过。车速降下来后，应采取转大弯、走缓弯的办法，不可急转方向，更不可在弯道中制动或挂空挡。

◆ 停车要尽量选没有冰雪的空地，拉紧手刹挂挡。需要在冰雪路面上停车时，应选择朝阳、避风、平坦干燥处停放，不得紧靠建筑物、电线杆或其他车辆，以防侧滑时碰撞。若必须在坡道上停车，应挂挡、拉紧手刹，并在车轮下填塞三角木、石块等，以防汽车溜坡。

◆ 在雪地爬坡时危险性极高，必须与前车保持比平时多两倍的距离。下坡时，必须利用发动机减速的原理配合制动，切勿一直靠刹车制动。如果起步失败，要立即拉手刹，借助手刹再次起步。

◆ 长时间雪中行驶时，驾驶员最好戴防护眼镜。

6.交通事故应急处理

◆ 车辆发生交通事故时必须立即停车。停车以后按规定拉紧手制动，切断电源，开启危险报警闪光灯，如为夜间事故还需开示宽灯、尾灯。在高速公路发生事故时还须在车后按规定设置危险警告标志。

◆ 当事人在事故发生后应及时将事故发生的时间、地点、肇事车辆及伤亡情况，打电话或委托过往车辆、行人向附近的公安机关或执勤交警报案，在警察来到之前不能离开事故现场，不允许隐匿不报。在报警的同时也可向附近的医疗单位、急救中心呼救、求援。

◆ 保护现场的原始状态，包括其中的车辆、人员、牲畜和遗留的痕迹、散落物，不随意挪动位置。为抢救伤者，必须移动现场肇事车辆、伤者等，应在其原始位置做好标记，不得故意破坏、伪造现场。

◆ 当事人确认受伤者的伤情后，能采取紧急抢救措施的，应尽最大努力抢救，包括采取止血、包扎、固定、搬运和心肺复苏等，并设法送就近的医院抢救治疗。对于现场散落的物品及被害者的钱财应妥善保管，注意防盗防抢。

◆ 事故当事人还应做好防火防爆措施，首先应关掉车辆的引擎，消除其他可能引起火警的隐患。事故现场禁止吸烟，以防引燃泄漏的燃油。

◆ 在交通警察勘察现场和调查取证时，当事人必须如实向公安交通管理机关陈述交通事故发生的经过，不得隐瞒交通事故的真实情况，应积极配合并协助交通警察做好善后处理工作，听候公安交警部门处理。

汽车驾驶安全

推荐书单

定价：15.00元

定价：15.00元

定价：18.00元

定价：18.00元

定价：16.00元

定价：15.00元

定价：25.00元

咨询电话：010-84657840